张玉光◎主编

青岛出版集团 | 青岛出版社

禽 龙

禽龙身长 9~10 米，主要生存于白垩纪早期，因牙齿长得与鬣蜥的牙齿相似而得名。禽龙是最早被人们发现并作出鉴定的恐龙。

化 石 禽龙的前手掌

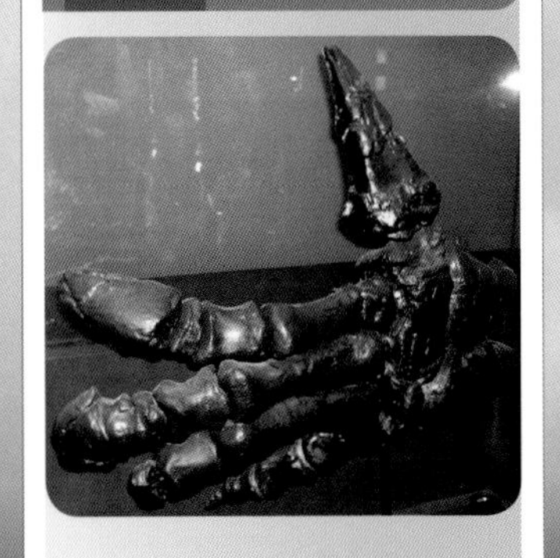

为了支撑庞大的身体，防止出现手腕脱白的尴尬状况，禽龙的腕部骨骼愈合长在了一起。

意外发现

1822 年冬的某天，曼特尔夫妇途经一条正在修建的公路时，发现了一些奇怪的石头。当时他们还不知道，这些石头将成为英国最早发现的恐龙化石。

大 小	体长为 9 ～ 10 米
生活时期	白垩纪早期
栖息环境	树林
食 物	植物
化石发现地	英国、德国、比利时等

排行第二

恐龙化石第一次出现时，没人知道化石显示的是什么生物。曼特尔认为这种生物的牙齿与鬣蜥的牙齿很像，所以给它取名“Iguanodon”，意为“鬣蜥的牙齿”，杨钟健老先生将之翻译为“禽龙”。但是，由于登记“户口”时晚了一步，禽龙只能作为恐龙家族中第二种拥有名字的恐龙。

你知道吗？

曼特尔先生在禽龙化石里发现了一个圆锥形的角状物。起初，他以为这是鼻角，便把它安在了禽龙的鼻骨上面。后来人们才发现，原来那应是禽龙的大拇指。

用拇指攻击

禽龙的前肢拥有 5 根指爪。其中，3 根并拢成蹄状支撑身体，1 根能弯曲，可以抓握东西。最特别的要数那根尖尖的大拇指，能当作武器抵御敌人。如果受到欺负，禽龙就会立即站起来，用拇指狠狠地扎破敌人的脖子，然后趁机逃跑。

跑得不慢

虽然除了大拇指禽龙身上没有任何其他防护装备，但它们非常能跑，而且跑得并不慢。禽龙以二足奔跑的速度可以达到每小时 24 千米。

“怪物”脚印

一直以来，世界各地的人们偶尔会在意想不到的地方见到一些奇奇怪怪的脚印化石。比如：人们在英国南部发现了三叶草形状的脚印化石，在意大利东南部发现了三趾脚印化石等。根据化石的发现地和分布地区，科学家们最后认定，留下这些脚印的应该是禽龙。

似鳄龙

一看名字就知道，似鳄龙与鳄鱼有几分相像——它们都拥有又窄又长的口鼻部，喜欢捕食水里的鱼类。似鳄龙非常有耐心，为了捉鱼常会在河边等很长时间。因此，人们又称似鳄龙为“河边杀手”。

化 石　似鳄龙的骨架 >>>

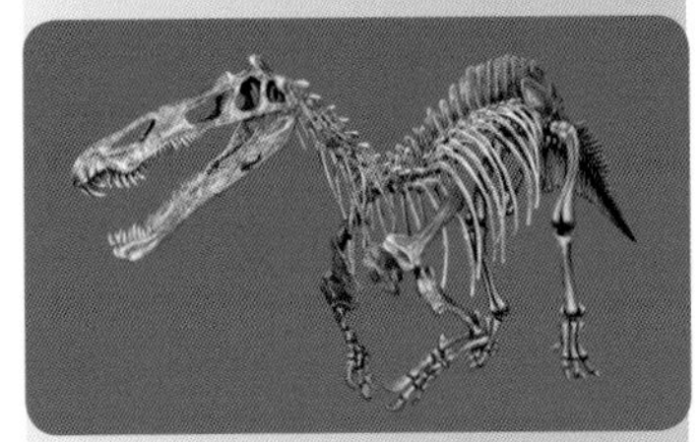

似鳄龙的头骨扁扁的，嘴巴很窄；身形瘦长，后腿短粗但肌肉发达。似鳄龙的身形还有一点比较特别，那就是它们的后背上长有帆状物或背脊。

水边捕食

与一些鳄鱼相同，似鳄龙也有狭长的口鼻。而且，这些凶恶的家伙同样喜欢生活在多水的环境中，经常下水捕鱼。不过，它们平时也捕杀中小型恐龙来调剂口味。

耐心的“河边杀手”

捕猎时，一旦水中有鱼儿游来，似鳄龙就会立刻扑上去，然后张开大嘴一捞，连鱼带水都吞进肚里。没猎物时，它们就会像悠闲的钓鱼者，静静地站在水边，双眼紧盯水面。因此，似鳄龙拥有“河边杀手”的称号。

不是“一家人”

尽管相像，可似鳄龙和鳄鱼并不是“一家人”。举例来说，似鳄龙能用前爪抓握猎物，鳄鱼却做不到。

小知识

近年来，有专家研究称，恐龙并不是史前霸主，而它们的亲戚——鳄类和翼龙类才是真正的强者。只不过，这两个强大家族的成员夭折得早，才让恐龙抢占了天下。

你知道吗？

似鳄龙嘴里有 100 多颗牙齿。

似鳄龙的脊椎非常突出，从后背一直延伸到臀部，能够支撑背上由皮肤构成的帆状物或背脊。

大　　小	体长为 9 ～ 11 米，体重约为 7 吨
生活时期	白垩纪早期
栖息环境	森林、沼泽、河边
食　　物	鱼类，也可能吃肉类
化石发现地	尼日尔

犹他盗龙

犹他盗龙是驰龙类中的“大个子”，奔跑起来时速可以达到 50 千米左右。它们后腿的第二趾上长有尖锐的钩状爪。有了这种利爪，犹他盗龙可以轻易地撕开猎物的皮肉。这使它们成为有名的“恐怖分子”。不过，即使具有单独作战的超强实力，它们也仍然喜欢和家人一起外出打猎。

大　小	体长约为 7 米，体重约为 500 千克
生活时期	白垩纪早期
栖息环境	平原、林地
食　物	肉类
化石发现地	美国

化　石　三根手指 >>>

犹他盗龙的前后肢上各长有 3 根指（趾）骨。其中，前肢的每个指尖上都长有尖锐的爪，能抓握小动物，而它们的后肢长有特殊的钩状趾爪。这种趾爪非常锋利。研究人员推测，这可能是用来撕裂猎物的“刀具”。

“恐怖分子”

犹他盗龙的双眼像鹰眼一样，视野宽广，能准确地追踪猎物。它们不仅反应速度超快，而且身体灵活，跳跃能力强，可以在半空中突然转身追击猎物。这也难怪大家把它们当成危险的“恐怖分子”了。

小知识

根据犹他盗龙的化石发现，古生物学家推测犹他盗龙应该是一种智商很高的恐龙，可以自行解决很多问题。

你知道吗？

最早的驰龙类恐龙出现在侏罗纪中期。这类恐龙在地球上生存了 1 亿多年。

科学家们认为犹他盗龙与驰龙关系最为亲密，

“龙”多力量大

犹他盗龙喜欢过集体生活。仗着“龙”多势众，它们常常穿梭于广阔的平原、茂密的树林，集体偷袭、攻击体形巨大的植食恐龙。

“大脚板”跑得快

犹他盗龙具有非常出众的速跑天赋。它们体长约为 7 米，体重却只有 500 千克左右；它们那强健的后腿和“大脚板”是非常有利的速跑工具。在肉食恐龙中，它们可是难得的奔跑健将。

慈母龙

白垩纪晚期，在地球上曾生活过一群另类的恐龙。它们脑袋聪明，会悉心照顾自己的宝宝，是恐龙家族中出了名的“好父母”。没错，它们就是慈母龙！

大　　小	体长约为9米，体重约为4吨
生活时期	白垩纪晚期
栖息环境	海岸平原
食　　物	树叶、果实和种子
化石发现地	美国、加拿大

小知识

你能相信吗？慈母龙竟然去过外太空！1985年，美国物理学家洛伦·阿克顿将慈母龙的蛋壳和骨骼化石带上了太空。自此，慈母龙就成了第一位登上太空的“恐龙宇航员”！

你知道吗？

一只慈母龙每次能生产18～30枚恐龙蛋，最多时甚至能产40枚。

慈母龙的蛋巢大多选在地势高、土质软、阳光普照的地方。

化石　蛋巢 >>>

慈母龙为了产蛋，会用心地筑巢，并在巢内铺上柔软的植物。每个巢穴直径约为2米，能容下十几甚至几十枚恐龙蛋。有专家认为，慈母龙每年都会返回同一个蛋巢产蛋。

细心的父母

幼龙破壳后，四肢还没发育完全。可是，小家伙们每天要吃掉大量鲜嫩的植物。这可怎么办呢？别担心，慈母龙父母会四处搜寻食物，并把坚硬的植物、种子等嚼碎喂到孩子嘴里。

寸步不离

慈母龙妈妈产蛋后，会伏在巢穴上用身体孵化恐龙蛋，而慈母龙爸爸则守在巢穴边，防止肉食恐龙前来偷袭。即使去觅食，慈母龙父母也会留下一方照看宝宝。这样寸步不离的照顾会持续到小慈母龙有能力独立生活为止。

大家一起走

除了长长的尾巴，慈母龙几乎没有任何御敌武器，因此它们总是集体活动。尤其在繁殖季节，你可能会看到几十只慈母龙一齐筑巢的忙碌景象。此外，慈母龙每年都会集体迁徙到其他地方，寻找新鲜的食物。

艾伯塔龙

艾伯塔龙是暴龙家族的成员，其化石发现于加拿大的艾伯塔省。与霸王龙相比，艾伯塔龙身体比较轻盈，后肢也更加修长、强健，跑得更快，堪称暴龙家族里的“闪电侠”。

化石　头骨 >>>

硕大的头骨、可怕的大嘴、锋利的尖牙、短小的前肢、仅有的两指以及粗壮有力的后肢，都是艾伯塔龙与霸王龙相似的地方。二者明显不同的是，艾伯塔龙眼睛前上方有角质突起物。

大　小	体长可达9米，体重约为2吨
生活时期	白垩纪晚期
栖息环境	森林
食　物	肉类
化石发现地	加拿大

你知道吗？

艾伯塔龙比霸王龙早出现了300万～400万年呢！

艾伯塔龙牙齿尖利，能瞬间咬断鸭嘴龙类恐龙的脖子。

不愿独居

人们曾在野外的同一地层中发现了 30 多具艾伯塔龙骨骼化石。其中，有 20 多具化石出土于同一个地点，包括不同年龄的艾伯塔龙化石。因此，科学家认为艾伯塔龙可能过着集体生活。在这一方面，它们与大多数喜欢做“独行侠”的暴龙成员大有不同。

身材更轻盈

艾伯塔龙是种体形中等的肉食恐龙。与著名的霸王龙相比，艾伯塔龙身材较为轻盈——成年后体长可达 9 米，体重约为 2 吨，大小只有霸王龙的一半。艾伯塔龙具有强壮的后肢，所以跑起来很快。它们是目前暴龙类恐龙中跑得最快的成员之一。

小知识

艾伯塔龙生活在白垩纪晚期。这一时期活跃的植食恐龙大多属于鸭嘴龙类，比如慈母龙和盔龙。

蛇发女怪龙

蛇发女怪龙是暴龙类的成员，生活在白垩纪晚期的北美洲西部。它们属于食物链顶层的掠食者，喜欢捕杀大型角龙或鸭嘴龙。“魔鬼龙”“戈尔冈龙”说的也是它们。

大　　小	体长为 8 ～ 9 米
生活时期	白垩纪晚期
栖息环境	泛滥平原
食　　物	肉类
化石发现地	加拿大、美国

你知道吗？

有关研究表明，蛇发女怪龙不仅有“头发”，脖子上还有像马鬃一样的鬃毛。

化　石　蛇发女怪龙头骨化石 >>>

与其他暴龙类成员相比，蛇发女怪龙头骨稍长，偏低矮。而且，它们的眼窝接近圆形（其他暴龙类成员的眼窝接近椭圆形）。

两个大“窟窿”

研究人员第一次找到蛇发女怪龙的化石时，发现头骨化石上有两个大大的“窟窿”。

蛇发女怪龙的头骨很大，长约 1 米，而“S”形的颈部则很短。研究人员认为蛇发女怪龙头骨上的两个大“窟窿”应是用来减轻头骨重量的，否则头部太重，脖子根本承受不住。

很强，很暴力

虽与诸多肉食恐龙同生共存，但天性残暴、攻击性强的蛇发女怪龙即使碰到同类，也可能会直接冲过去大打出手，直到对方头破血流、落荒而逃才肯罢休。总之，它们可以说是很强、很暴力的家伙。

专杀植食恐龙

虽然蛇发女怪龙是顶级的掠食者之一，但它们很少对肉食恐龙下手，反而总是以角龙或鸭嘴龙等大型的植食恐龙为捕杀对象。这可能是因为肉食恐龙的肉质不好，也可能是因为肉食恐龙的数量不是很多。

小知识

暴龙家族成员的代名词是“巨大”“凶猛”。它们堪称地球上有史以来体格最大、最可怕的掠食者之一。可是，你知道吗？它们的祖先竟是个子很小、脾气较温驯的始盗龙！

食肉牛龙

食肉牛龙又叫“牛龙”，是种头顶“牛角”的恐龙。它们生活在白垩纪晚期，是南美洲顶级的掠食动物，也是已知跑得最快的大型恐龙之一。

一身“鳄鱼皮”

迄今为止，人们只发现了一具食肉牛龙化石。在化石标本的背部、身体两侧，研究人员发现了许多小突起，和鳄鱼皮肤上的小突起很像。这表明食肉牛龙的皮肤可能并不光滑。

化石 头骨 >>>

食肉牛龙有个独有的特征——眼睛上方长有一对“牛角”。它们正是因此而得名。这对“牛角”是食肉牛龙成熟的标志，会随着食肉牛龙的成长逐渐变大。

你知道吗？

食肉牛龙头上的角并不是武器，只是震慑敌人的工具罢了。

食肉牛龙的眼睛略微向前。这个特征在恐龙中非常少见。

“吃肉的公牛”

食肉牛龙拉丁名的意思为“吃肉的公牛”。虽然它们头上长有与公牛类似的犄角，可它们在食性上却与公牛相差甚远：公牛吃草，食肉牛龙却顿顿吃肉。所以，称它们为“食肉牛龙”一点儿都不错。

牙齿尖利的“公牛”

食肉牛龙硕大的脑袋、咬合力很强的大嘴以及刀片般尖锐的牙齿，无不彰显出它们作为顶级掠食者的杀伤力。捕猎时，它们习惯用牙齿反复撕咬猎物的脖子，直到猎物奄奄一息，才会将猎物撕成肉块吞下。

“白垩纪版的猎豹”

食肉牛龙长而粗壮的后腿能让它们快速奔跑。有专家推测，食肉牛龙可能是目前已知的奔跑最快的大型恐龙之一，速度可达每小时 60 千米左右。因此，有人称它们为“白垩纪版的猎豹”。

大　　小	体长为 8～9 米
生活时期	白垩纪晚期
栖息环境	丛林、湖泊
食　　物	肉类
化石发现地	阿根廷

埃德蒙顿甲龙

你知道“恐龙中的坦克”吗？沉重的身躯，粗壮的四肢，虽然跑起来不快，走路时却能震得地动山摇，加上身上厚厚的骨板和三角形的骨刺，让它们当真像极了坦克。没错，我们所说的就是埃德蒙顿甲龙。

化 石　原始的牙齿 >>>

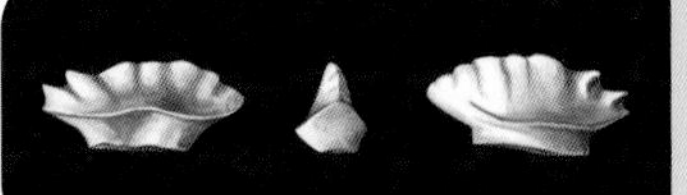

埃德蒙顿甲龙的嘴里只长了颊齿——以研磨为用途的牙齿。这是种很原始的牙齿形状上很像叶子，上面还有些棱状突起。牙齿两面有牙釉质，大大增加了牙齿的耐磨程度和使用频次。

身披重甲

埃德蒙顿甲龙身上布满坚硬的骨板和尖锐的骨刺。这些骨板、骨刺可以用来抵御掠食者的攻击。当敌人出现时，埃德蒙顿甲龙就会牢牢地匍匐在地上，看上去真的很像带刺儿的坦克呢！

小知识

你听说过埃德蒙顿龙吗？虽然名字比埃德蒙顿甲龙只少了一个字，但它们与埃德蒙顿甲龙大相径庭——它们身上长满鳞片，像穿上了皮质外衣，宽大的鸭状嘴里长有几百颗牙齿，能吃粗糙的植物或果实等。这表明二者的确不是“一家人”。

我才不怕你！

大多肉食恐龙对埃德蒙顿甲龙束手无策，不过也不乏常来挑衅的家伙。真要被肉食恐龙盯上了，埃德蒙顿甲龙也不会胆小地躲起来，而是会拼尽全力，用身上的“铠甲”撞击敌人，直到把对方赶跑为止。

挑食的原因

在植物葱郁的时候，埃德蒙顿甲龙会选择鲜嫩多汁的植物啃食。也许你会认为它们挑食，可这不能怪它们，因为它们缺少可以撕咬食物的牙齿，只有呈叶状的颊齿。

肩上也“长刺儿”

埃德蒙顿甲龙的身体两侧及肩上都长满尖锐的骨刺。这些骨刺成为它们最好的武器，尤其是肩部的骨刺可以让肉食性恐龙对它们的颈部无从下口。

大　小	长6～7米，重约4吨
生活时期	白垩纪晚期
栖息环境	树林
食　物	低矮植物
化石发现地	加拿大、美国

冥河龙

冥河龙因化石出土于地狱溪而得名。在众多恐龙成员中，冥河龙具有花样繁多的头饰。这应是它们身上最显著的辨认特征。

“地狱溪的恶魔”

20 世纪 80 年代初，美国蒙大拿州的地狱溪地层中出土了一具像“地狱恶魔”般恐怖的恐龙化石标本，其头上、嘴上、鼻子上都长着尖锐的骨刺。因此，人们为它起名“冥河龙”，意思是“（来自）地狱溪的恶魔”。

神秘的身世

遗憾的是，迄今为止人们只找到 5 具冥河龙的头骨化石标本以及一些零碎的骨骼化石，对冥河龙仍然所知甚少。

冥河龙的头骨非常特别——头盖骨高高隆起，颅顶后方有多个骨刺，较大的骨刺周围会环绕着较多的小骨刺，眼睛到鼻孔之间也长满尖锐的骨刺。毫不夸张地说，这简直就是个“刺儿头”！

你知道吗？

冥河是古希腊神话中冥界的一条河流，是传说中通向地狱的入口。

有人认为冥河龙其实就是未成年的肿头龙，但这种观点缺少确凿的证据。

大　小	体长为 2 ～ 3 米，体重约为 80 千克
生活时期	白垩纪晚期
栖息环境	树林
食　物	植物
化石发现地	美国

> **小知识**
>
> 白垩纪始于约1.45亿年前，结束于6600多万年前。这期间，大陆几乎被海洋淹没，气候变得温暖、干旱。恐龙虽然依旧统治着陆地，但最早的蛇类、蜜蜂以及许多新型的小型哺乳动物已相继出现。

家族特例

这么花哨的头饰，以前从未有人见过。为此，专家们几乎搜遍了全部的化石记录。他们推测，凭借这些异常发达的骨刺与棘状突，冥河龙应该是恐龙家族中面目最狰狞、最容易辨认的。

如何生活?

尽管人们对冥河龙还不甚了解，可这并不影响人们对它们生活习性的判断。专家根据冥河龙前后肢形态，推测它们可能靠两足行走。另外，它们体形偏小，也许采用集体生活的方式；牙齿细小，应该以植物为食。当然，这些仍需要研究人员作进一步的研究才能确定。

被“嫌弃”的家伙

冥河龙与霸王龙生活在同一时期。霸王龙十分凶残，对植食恐龙向来奉行“猎杀计划”。但是，它们对冥河龙非常特殊，即使与冥河龙面对面相撞，也绝不轻易对冥河龙下手。

厚鼻龙

厚鼻龙又叫“肿鼻龙”，生活在白垩纪晚期的北美洲。厚鼻龙长着与公山羊相似的角，只不过它们的角长在大大的颈盾上。这种恐龙喜欢群居，喜欢吃粗糙的植物。

就爱吃“粗粮”

爱吃植物的厚鼻龙一天中的大部分时间在啃食和咀嚼。相比于那些嫩枝、嫩叶，它们更喜欢吃粗糙、有嚼劲的植物，比如棕榈叶、苏铁叶等。

化 石　“厚”鼻子 ›››

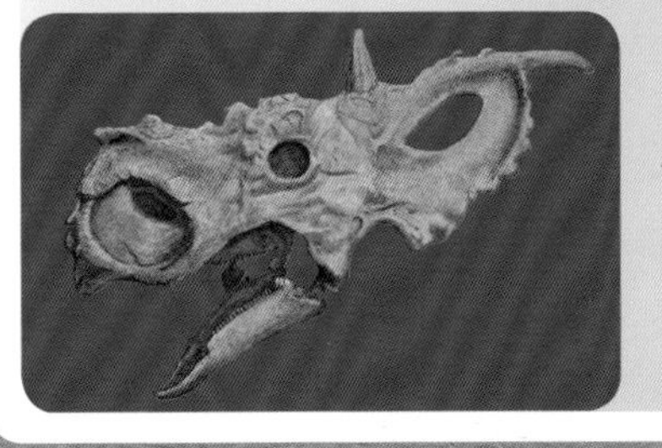

其实，厚鼻龙的鼻子并不厚，只是它们鼻骨的位置上长有厚厚的骨垫，把鼻子顶了起来，使鼻子看上去好像厚厚的。

双重性格

别看厚鼻龙偶尔脾气暴躁，会跟同类打架抢地盘，其实它们本性温顺，不喜欢惹是生非。而且，它们大都与同伴住在一起，互相照顾、共同抗敌。

你知道吗？

厚鼻龙跟三角龙还是近亲呢！
厚鼻龙经常用鼻子跟敌人或同类打架。

厚鼻龙长在头骨上的颈盾

中空的颈盾

颈盾是厚鼻龙头骨的一部分，能保护厚鼻龙柔软的脖子。颈盾的边缘有波浪形的线条，顶端有4个尖角——两大两小。另外，颈盾是中空的，能大大减轻头骨的重量。

大　　小	体长为5～6米，体重约为4吨
生活时期	白垩纪晚期
栖息环境	平原、荒漠
食　　物	植物
化石发现地	北美洲

小知识

迄今为止，人们在美国阿拉斯加州一共发现了8种恐龙。其中4种为包括厚鼻龙在内的植食恐龙，另外4种还在研究确认中。

伶盗龙

或许很少有人知道伶盗龙的名字，但若提起迅猛龙来，也许很多人不会觉得陌生。它们是一群生活在白垩纪晚期的“盗贼”。虽然身体表面有一部分覆盖着羽毛，但它们并不会飞行，只能在地面上飞速地奔走。

大　　小	体长约为 2 米
生活时期	白垩纪晚期
栖息环境	沙漠、灌木丛
食　　物	肉类
化石发现地	北美洲、亚洲等

来去如风

从伶盗龙的另一个名字“迅猛龙”就能知道，它们奔跑的速度非常快。有人计算过，它们奔跑的速度甚至能达到 60 千米 / 小时。虽然伶盗龙只能短暂维持这样的速度，但这已足以让它们追上逃跑的猎物。在遇到危险的敌人时，这样出色的速度同样能帮助它们逃离险境。

收起的脚趾

和很多其他肉食恐龙不同，伶盗龙走路时从来只用后肢上的其中两根脚趾。伶盗龙的第一根脚趾是小型的上爪，第二根脚趾上则长着镰刀状的利爪。这只利爪是用来撕扯猎物皮肉的。为了保护这只利爪，伶盗龙走路时会将那根脚趾向上或向后收起，以避免不必要的摩擦。

化石　伶盗龙的头骨 >>>

伶盗龙的头部狭长扁小，看起来十分精巧。那如匕首一般弯曲的利齿告诉我们：它们是一种肉食恐龙。小型恐龙、早期哺乳动物以及蜥蜴都是它们的狩猎目标。

伏击猎杀

伶盗龙最喜欢潜藏在林地、水源地等猎物经常出没的地方，静静等待时机的到来。一旦猎物出现，伶盗龙就会悄无声息地靠近，然后一跃而起，将毫无防备的猎物摁倒在地，随后用锋利的脚爪猛地刺入猎物柔软的腹部，再狠狠地搅上一搅。就这样，一场完美利索的猎杀结束了。

▲ 到目前为止，古生物学家还没有发现带有羽毛痕迹的伶盗龙化石。但是，他们在伶盗龙化石的前肢部位发现了疑似能生长羽毛的器官。他们由此推测，伶盗龙长有羽毛的可能性很大。

似鸟龙

似鸟龙学名的意思是“鸟类模仿者”。它们有喙状嘴、细长的脖子和长有羽毛的前肢，与现代鸟类类似。它们身形偏瘦，骨头中空，跑起来很快。

大　小	体长约为4米
生活时期	白垩纪晚期
栖息环境	森林、沼泽
食　物	既吃植物，也吃肉类
化石发现地	北美洲

逃生技能

白垩纪时期，“恶龙”当道，似鸟龙却没有像样的防御武器，只能以快速奔跑保命。独特的骨骼和身形结构让它们成为恐龙中有名的速跑健将。一旦遭遇大型猎食者，似鸟龙就会立即掉头，趁对方不注意时逃之夭夭。

“养生之道”

似鸟龙不挑食，荤素都吃。平时它们既吃昆虫、小型哺乳动物、蜥蜴，也会吃种子、嫩叶等植物。如此荤素搭配，似鸟龙似乎也懂得养生的方法。

化　石　像鸟的恐龙 >>>

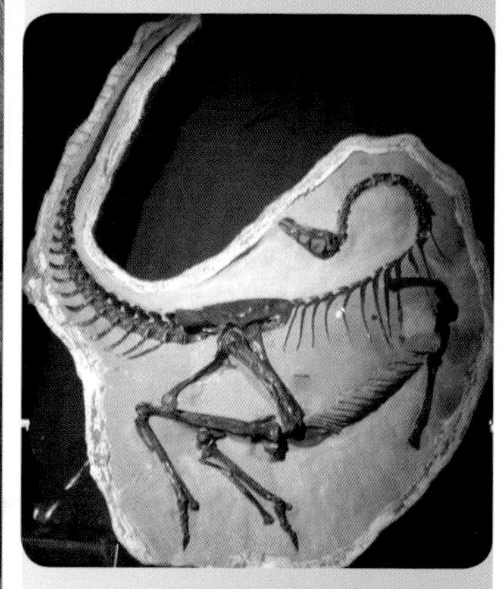

似鸟龙头骨很小，嘴巴是与鸟类一样的角质喙，前肢上长有与鸟类相似的羽毛，后肢较长且强健有力。它们主要靠后肢行走、奔跑。这一点也与鸟类类似。因此，它们才被人们叫作“鸟类模仿者”。

图书在版编目（CIP）数据

探寻恐龙奥秘. 4, 白垩纪恐龙. 上 / 张玉光主编. —青岛：青岛出版社，2022.9
（恐龙大百科）
ISBN 978-7-5552-9869-4

Ⅰ. ①探… Ⅱ. ①张… Ⅲ. ①恐龙－青少年读物 Ⅳ. ①Q915.864-49

中国版本图书馆CIP数据核字（2021）第118788号

书　　名	恐龙大百科：探寻恐龙奥秘 [白垩纪恐龙（上）]
主　　编	张玉光
出版发行	青岛出版社（青岛市崂山区海尔路182号）
本社网址	http://www.qdpub.com
责任编辑	朱凤霞
美术设计	张　晓
绘　　制	央美阳光
封面画图	高　波
设计制作	青岛新华出版照排有限公司
印　　刷	青岛新华印刷有限公司
出版日期	2022年9月第1版　2022年10月第1次印刷
开　　本	16开（710mm × 1000mm）
印　　张	12
字　　数	240千
书　　号	ISBN 978-7-5552-9869-4
定　　价	128.00元（共8册）

编校印装质量、盗版监督服务电话：4006532017　0532-68068050

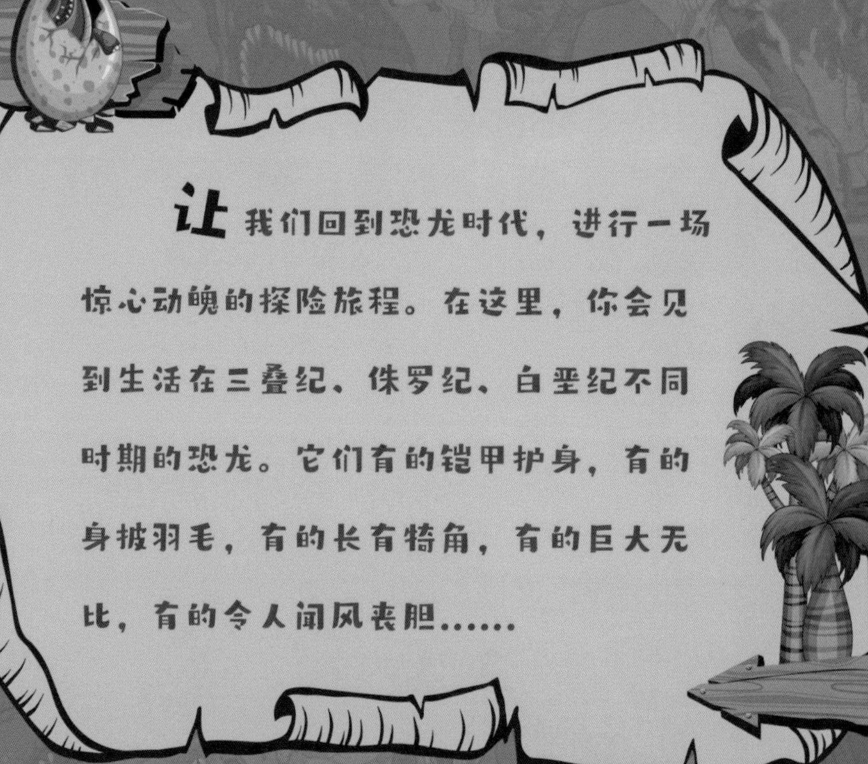

让我们回到恐龙时代，进行一场惊心动魄的探险旅程。在这里，你会见到生活在三叠纪、侏罗纪、白垩纪不同时期的恐龙。它们有的铠甲护身，有的身披羽毛，有的长有犄角，有的巨大无比，有的令人闻风丧胆……

ISBN 978-7-5552-9869-4

ISBN 978-7-5552-9869-4
定价：128.00 (全8本)